BEI GRIN MACHT SICH IHR WISSEN BEZAHLT

- Wir veröffentlichen Ihre Hausarbeit,
  Bachelor- und Masterarbeit

- Ihr eigenes eBook und Buch -
  weltweit in allen wichtigen Shops

- Verdienen Sie an jedem Verkauf

Jetzt bei www.GRIN.com hochladen
und kostenlos publizieren

Martin Doskoczynski

Raumbedeutsame Faktoren in Norddeutschland - Geographische und infrastrukturelle Grundlagen

GRIN Verlag

Bibliografische Information der Deutschen Nationalbibliothek:

Die Deutsche Bibliothek verzeichnet diese Publikation in der Deutschen National-
bibliografie; detaillierte bibliografische Daten sind im Internet über http://dnb.d-
nb.de/ abrufbar.

Impressum:

Copyright © 2006 GRIN Verlag GmbH
Druck und Bindung: Books on Demand GmbH, Norderstedt Germany
ISBN: 978-3-640-11650-8

Dieses Buch bei GRIN:

http://www.grin.com/de/e-book/110412/raumbedeutsame-faktoren-in-norddeutsch-
land-geographische-und-infrastrukturelle

Seminararbeit

am Institut für Wirtschaftsgeographie

Große Exkursion „Norddeutschland"

04.-14. April 2006

Sommersemester 2006

Raumbedeutsame Faktoren in Norddeutschland –

Geographische und infrastrukturelle Grundlagen

Martin Doskoczynski

Studiengang Wirtschaftsgeographie (Dipl.)

10. Fachsemester

PO 2003

Abgabetermin:

20.03.2006

1 Einleitung

Die vorliegende Arbeit soll einen Überblick über die Ausstattung des norddeutschen Raumes mit raumbedeutsamen Faktoren geben. Hierbei werden relevante physisch-geographische, sowie infrastrukturelle Ausstattungsmerkmale beleuchtet, die eine Ausgangsbasis für das menschliche Handeln und im weiteren Sinne das Wirtschaften innerhalb dieses Raumes bilden. Die Ausführungen sind stets im Kontext der Exkursion nach Norddeutschland im April 2006 zu betrachten; sie liefern eine Art Grundlage für alle weiteren zu behandelnden Themenbereiche.

A priori sind die Begrifflichkeiten: „raumbedeutsame Faktoren", „geographische Grundlagen" und „infrastrukturelle Grundlagen" zu definieren, so dass diese im Kontext der vorliegenden Arbeit richtig interpretiert und verstanden werden.

„Raumbedeutsam" ist in der Geographie mit „räumlich relevant" bzw. „raumrelevant" gleichzusetzen und bezeichnet alle Verhaltensweisen, Aktivitäten, Maßnahmen u.s.w., die eine räumliche Bedeutung haben, was sich darin äußern kann, dass neue Raumstrukturen geschaffen oder bestehende Raumstrukturen verfestigt oder verändert werden, bzw. dass räumliche Prozesse beeinflusst werden. Raumbedeutsame Faktoren und Verhaltensweisen prägen somit primär das Aussehen und den Charakter einer regionalspezifischen Kulturlandschaft (vgl. LESER 2001: 682).

„Faktoren" sind in diesem Kontext sowohl die geographischen als auch die infrastrukturellen Grundlagen. Unter diesen können hierbei alle nicht schnell änderbaren wesentlichen Determinanten aufgefasst werden, die das tägliche Handeln des Menschen in seiner momentanen Form erlauben. Die Auswahl der „geographischen Grundlagen" erfolgt basierend auf der Geofaktorenlehre, die allgemein geographische Sachverhalte bezeichnet, die im Wirkungsgefüge der Landschaft im Sinne eines offenen Systems funktionieren (vgl. LESER 2001: 252). Vereinfacht gesagt, sind es die Faktoren, welche die *natürliche* Ausstattung eines Raumes bedingen (vgl. KLUCZKA und RÖHL 1984: 1). Unter „infrastrukturellen Grundlagen" versteht man im Gegensatz zu den Geofaktoren, von Menschen geschaffene, materielle Einrichtungen, die für die Ausübung der menschlichen Grunddaseinsfunktionen notwendig sind und die soziale und wirtschaftliche Entwicklung eines Raumes ermöglichen (vgl. LESER 2001: 348).

Die vorliegende Arbeit ist so aufgebaut, dass sie die für die Wirtschaft im norddeutschen Raum relevanten Faktoren behandelt. Nach einer Abgrenzung des Raumes werden zuerst die physisch-geographischen Grundlagen beleuchtet, was am Ende des Kapitels in einer kurzen Zusammenfassung mündet („Gunst- und Ungunsträume"). Im nächsten Schritt konzentrieren sich die Ausführungen auf die infrastrukturelle Ausstattung; die Zusammenfassung dieses Kapitels ist unter dem Punkt „Wirtschaftsräumlich-raumordnerische Gliederung" zu finden. Schließlich und endlich wird diese Arbeit mit einem allgemeinen Fazit abgeschlossen.

2 Lage und Abgrenzung des Norddeutschen Raumes

Eine quasi-eindeutige geographische oder administrative Abgrenzung eines Raumes ist nur dann möglich, wenn sich dieser innerhalb bestehender möglichst scharfer, natürlicher oder auch administrativer Trennlinien definieren lässt. Hierbei zu berücksichtigen sind ebenfalls anthropo-, sowie kulturgeographische Einflussfaktoren und Betrachtungsmaßstäbe. Wie schwierig sich das gestalten kann, wird beispielsweise am Begriff „Europa" deutlich. Gehört die Stadt Kasan im östlichen Zentralrussland z.B. tatsächlich noch zu Europa, denn sie liegt eigentlich noch weit westlich des Urals? Sehen sich die Bewohner selbst als „Europäer"? Liegt Slowenien in Mittel-, Ost-, oder Südeuropa? Es ist stets problematisch solche Fragen zu beantworten und die Antworten auch adäquat zu begründen. Es ist unbedingt notwendig nach Betrachtungsperspektiven und Art der Grenzziehungen zu unterscheiden, sowie auch Übergangsräume zu bilden.

Nicht anders verhält es sich mit dem Begriff „Norddeutschland". Die Abgrenzung nach Westen, Norden und Osten ist selbstverständlich; hier sind eindeutige und scharfe Trennlinien vorhanden. Administrativ wird das Gebiet im Westen durch die niederländische, im Norden durch die dänische und im Osten durch die polnische Grenze definiert. Physisch-geographisch sind es im Norden die scharfen Grenzen des Küstenstreifens an der Nord- und Ostsee mit den vorgelagerten Inseln, im Osten kann man mit einer kleinen Abweichung (Stettin und Swinemünde, die auf der polnischen Seite liegen) die Oder als natürliche Grenze ansehen (vgl. WESTERMANN-VERLAG 2002: 18). Während der deutschen Teilung betrieb die Geographie in beiden deutschen Teilstaaten jeweils eine andere Abgrenzung des Raumes. In der BRD war der Norden durch die deutsch-deutsche Grenze gen Osten abgeschlossen; in der DDR wurde der Raum entweder gar nicht abgegrenzt, oder durch funktionale Aspekte des Industrialisierungsgrades in den weniger industrialisierten Norden (Mecklenburg, Mark

Brandenburg) und den stark industrialisierten Süden gegliedert (vgl. HAVERSATH 1997: 8). Die Westgrenze bildete eindeutig die Grenzlinie zur BRD. Nach der Wiedervereinigung gehört der Norden der ehemaligen DDR folglich ebenfalls zum Raum „Norddeutschland".

Schwierig gestaltet sich hingegen die Abgrenzung des Gebietes nach Süden. Die physische Geographie untergliedert den Raum in die beiden Küstenabschnitte, sowie in die Kategorie „Norddeutsches Tiefland". Dieses findet seine südliche Abgrenzung an der deutschen Mittelgebirgsschwelle (vgl. LIEDTKE und MARCINEK 2002: 396). Die zonale Erstreckung Norddeutschlands verdeutlicht die Karte im Anhang, Kapitel 7.1. Hierbei wird deutlich, dass diese rein physisch-geographische Definition des Raumes als zu ungenau angesehen werden kann, weil sie teilweise bestimmten anthropogeographischen Anforderungen nicht gerecht wird. Am wichtigsten sind dabei die kulturellen und wirtschaftsgeographisch-funktionalen Aspekte der Zugehörigkeit einzelner Teilräume zu einem zusammenfassenden Gesamtraum. Die eiszeitlich geprägte Landschaft reicht im Westen und im Osten so weit nach Süden, dass nach der vorangegangenen Definition Städte wie Köln, Mönchengladbach, Leipzig, Cottbus und gar Dresden zum Norddeutschen Raum gehören müssten. Hier sind die kulturellen Identitäten jedoch eindeutig anders; die geschichtliche Entwicklung und funktionale Verflechtung steht zudem eindeutig mit dem west-, bzw. mittel- und ostdeutschem Raum in Verbindung (vgl. HAVERSATH 1997: 7-12).

Falls statistische Auswertungen gewollt sind (was in der Wirtschaftsgeographie oft der Fall ist), bieten sich in der Statistik zusammengefasste administrative Einheiten als Grundlage der großräumigen Abgrenzung an. So kann man Norddeutschland z.B. als die Stadtstaaten, Hamburg, Bremen mit Bremerhaven zusammen mit den Flächenstaaten Schleswig-Holstein, Niedersachsen, Mecklenburg-Vorpommern und Sachsen-Anhalt definieren (vgl. NIEBUHR und STILLER 2003: 12-13). Eine wirtschaftliche Gliederung nach sozioökonomischen Gesichtspunkten könnte die neuen Bundesländer unter der Kategorie „Ostdeutschland" zusammenfassen, da hier stärkere regionalökonomische Disparitäten zwischen Mecklenburg-Vorpommern, sowie Sachsen-Anhalt einerseits und Niedersachsen, Schleswig-Holstein, Hamburg und Bremen/Bremerhaven andererseits bestehen, als unter den jeweils alten und neuen norddeutschen Bundesländern (vgl. KULKE 1998: 268-270).

Zusammenfassend gesagt, sollte man auf Basis der physisch-geographischen Aufteilung und problembezogener Gliederung unter Einbezug weiterer Kriterien wie der Geschichte, Kultur, Sprache, sowie funktionaler Verflechtungen der Teilräume eine „synthetische"

Abgrenzung des Raumes vornehmen. Welchen Aspekt man hierbei besonders stark gewichtet und was dabei in den Hintergrund gerät, hängt von der zu bearbeitenden Fragestellung ab.

Da die vorliegende Arbeit veranstaltungsbezogen ist, wird in den nachfolgenden Kapiteln „Norddeutschland" als die Bundesländer Hamburg, Bremen mit Bremerhaven, Niedersachsen, Schleswig-Holstein und Mecklenburg-Vorpommern definiert. Dieselbe Aufteilung erfolgt durch die statistischen Landesämter der Norddeutschen Länder (vgl. STATISTISCHES AMT FÜR HAMBURG UND SCHLESWIG-HOLSTEIN 2005). Zusätzlich dazu gibt es Übergangsräume, die man ebenfalls zu diesem Raum hinzurechnen sollte, dazu gehören das nördliche Münsterland und die Nordhälfte von Sachsen-Anhalt, auf welche in dieser Arbeit jedoch nicht näher eingegangen wird.

3 Geographische Grundlagen

3.1 Naturräumliche Einheiten: Geologie und Oberflächenformen

Die Landschaften Norddeutschlands sind kräftig glaziär geformt, es handelt sich dabei überwiegend um eine Moränenlandschaft. Die Küsten der Nordsee bilden einen Insel- und Marschensaum. Im Westen des Tieflandes befindet sich ein seenarmes Altmoränengebiet mit verwaschenen Endmoränen und Urstromtälern, welches hauptsächlich in der Saale-Eiszeit geprägt, periglaziär jedoch stark abgetragen wurde. Im Osten schließt sich ein seenreiches Jungmoränengebiet mit Eisrandlagen aus der Weichseleiszeit und Urstromtälern an; dazu gehört auch die Nehrungs- und Kliffküste der Ostsee. Der südliche Bereich ist ebenfalls ein Altmoränengebiet, allerdings stellenweise mit Lößdecken und gelegentlichen Durchragungen älteren Gesteins (vgl. LIEDTKE 2002: 138-139). Die Mittelgebirgsschwelle besteht im Wesentlichen aus dem Weserbergland, welches sich in die Stufenlandschaften aus mesozoischen Sandsteinen und Kalken einordnen lässt. Der Harz als eine Art „Insel" vor der Mittelgebirgsschwelle ist ein variszisches Mittelgebirge herzynischer Streichrichtung. Hier nimmt Flysch die größten Flächen ein, wobei in ihm magmatische Gesteine eingelagert sind (vgl. MARCINEK *et. al.* 2002: 503-504). Insgesamt betrachtet verfügt der Raum größtenteils über eine sehr geringe Reliefenergie (abgesehen vom Niedersächsischen Bergland und dem Harz) (vgl. LIEDTKE *et. al.* 2003: 16).

Die Küsten der Nord- und Ostsee haben jeweils eine völlig andere Morphogenese, hauptsächlich weil die Ostsee ein geologisch junges Meer ist, welches im großen Umfang durch die Exaration und Akkumulation des skandinavischen Inlandeises geformt wurde. Die Nordsee ist ein Seitenmeer des Atlantiks und deswegen geologisch sehr viel älter. Das heutige Aussehen der Nordseeküste wurde und wird im Wesentlichen durch vier Faktoren bestimmt: die saaleeiszeitliche Vereisung, Absinken des gesamten Gebietes seit dem Tertiär, Meeresspiegelanstieg seit etwa 10 000 v. Chr., sowie die Kräfte des Windes und des Tidenhubs. Als Folge des letzteren gibt es entlang der Nordseeküste einen etwa 20 km breiten Streifen Schwemmland (Watt), das ein amphibischer Raum ist. Die Gezeiten spielen dabei sowohl eine erodierende, als auch eine akkumulierende Rolle. Die dem Watt vorgelagerten landfesten Inseln und amphibischen Sandbänke Ostfrieslands sind aus dem Kräftespiel von Strömungen, Seegang und Wind entstanden und bilden eine natürliche Barriere für die Nordweststürme. Auf der Landseite prägen Marschen das Bild. Diese sind durch Sedimentauftragung verlandete ehemalige Fluss- bzw. Meerbereiche. Diejenigen Gebiete, die auf Meereshöhe (Normalnull) oder bereits darunter liegen (wie Teile Ostfrieslands oder nordöstlich der Elbmündung) müssen durch Deiche oder Sperrwerke vor Überflutungen geschützt werden, da sie ansonsten bei jeder Flut unter Wasser stehen würden.

Anders verhält es sich mit den nordfriesischen Inseln und Nehrungen: Hierbei handelt es sich um Landreste, die durch Erosion und Anlandung in die heutige Form gebracht wurden. Die Ostseeküste hingegen, ist weniger durch Tidenhub und Winde geprägt, als vielmehr durch glaziale und periglaziale Prozesse, die mit der Bewegung der skandinavischen Inlandeismassen zusammenhängen. Die Küste lässt sich in die schleswigsche Fördenküste, die holsteinisch-westmecklenburgische Buchtenküste, die mecklenburgische Ausgleichsküste und die vorpommersche Boddenküste gliedern (vgl. BEHRE *et. al.* 2002: 361-382).

Das Landesinnere wird im Bereich der Altmoränen von Geest dominiert, was ein flacher bis leicht hügeliger Landschaftstyp ist, sowie Ausprägungen der glazialen Serie wie Grundmoränen, Endmoränen und Sander. Im Westen wird die Landschaft von Moor- und Sumpfgebieten beherrscht, geht dann Richtung Osten in die etwas höher gelegene und trockene Lüneburger Heide über. Östlich des Elbtals beginnt schließlich die seenreiche Jungmoränenlandschaft (vgl. HAVERSATH 1997: 20-35). Gegen das Mittelgebirge hin, sind weite Grundmoränenebenen verbreitet, die mit fruchtbarem Löss bedeckt sind (Börde) (vgl. STATISTISCHES AMT FÜR HAMBURG UND SCHLESWIG-HOLSTEIN 2005).

3.2 Klima

Das Klima in Deutschland im Allgemeinen wird durch seine Lage im südlichen Bereich des nordeuropäischen Hauptzyklonalgürtels der außertropischen Zirkulation beeinflusst. Häufig werden Zyklonen mit niederschlagswirksamen Frontensystemen vom Atlantik her Richtung Mitteleuropa gesteuert. Die bemerkenswerte große Unbeständigkeit der Witterungsverhältnisse resultiert aus dem Wechsel zwischen den frontenbegleiteten Zyklonen und den zwischen geschalteten, teils wandernden, zeitweilig auch quasi-stationären Antizyklonen. Außerdem werden Luftmassen unterschiedlicher Herkunft und somit auch unterschiedlicher Eigenschaften nach Mitteleuropa geführt. Die räumlich starke Variation der Witterung ist weniger auf zonale Klimafaktoren (z.B. Einstrahlung) zurückzuführen, als vielmehr auf die orographische Gliederung und ihre klimarelevanten Einflüsse (vgl. HENDL 2002: 18-19).

Ganz Deutschland befindet sich im Bereich der westwindgeprägten Mittelbreiten, so dass im schwach reliefierten norddeutschen Tiefland, die Dominanz der Winde aus westlichen Richtungen besonders auffällig ist. Das Fehlen bedeutsamer meridionaler Barrieren begründet die hohe Windhäufigkeit, besonders im küstennahen Bereich.

Die klimatische Gliederung erfolgt zonal und meridional, dadurch lassen sich verschiedene klimatisch mehr oder weniger homogene Gebiete ausmachen. Für den Nordwesten ist die Atlantiknähe ausschlaggebend, dies äußert sich in milden Wintern und mäßig warmen Sommern (niedrigere Temperaturamplitude). Nach Osten hin nimmt die Kontinentalität zusehends zu; in Mecklenburg-Vorpommern sind die Niederschläge geringer, die Winter kälter und die Sommer wärmer als in Nordwestdeutschland (höhere Temperaturamplitude). Hinzu kommen orographische Effekte, die sogar bei dieser relativ niedrigen Reliefenergie bemerkbar sind. So bewirken beispielsweise die Haupthöhenzüge im Moränengebiet des östlichen Tieflands eine leichte Temperaturabnahme. Bei der lokalen Niederschlagsverteilung sind Lee- und Luveffekte ausschlaggebend. Die Westseite des Harzes ist folglich sehr regenreich; die Magdeburger Börde, welche auf der Leeseite liegt ist dagegen ausgesprochen trocken (ca. 500 mm Niederschlag pro Jahr). Sogar weniger markante Erhebungen, wie die Eisrandlagen der Lüneburger Heide verursachen einen Luv- und Leeeffekt; das zeigt sich an den Niederschlagshöhen des Uelzener Beckens, welches etwa 150 mm/a weniger Niederschlag empfängt, als die westexponierten Teile der Lüneburger Heide (vgl. HAVERSATH 1997: 41-43).

In der Küstenregion macht sich der mildernde Einfluss des Meeres, v.a. bei der Herabsetzung der Frostgefahr, auf das Klima stark bemerkbar (vgl. KLUCZKA und RÖHL 1984: 52). Der Jahresgang der Amplitude wird noch mal abgeflacht, außerdem verschiebt sich auf den Ost- und Nordfriesischen Inseln das Niederschlagsmaximum in den Spätsommer bzw. Herbst (vgl. HENDL 2002: 49-55), was einen positiven Effekt auf die touristische Nutzung hat.

Einen Überblick über die klimatischen Verhältnisse (Durchschnittstemperaturen sowohl im Januar als auch im Juli und Jahresniederschlag) liefern die Karten im Anhang, Kapitel 7.2, 7.3 und 7.4.

3.3 Böden und Landwirtschaft

Die Bodendecke in Deutschland spiegelt den Übergangscharakter des Raumes in klimatischer Hinsicht wider. Aus übergeordneten physisch-geographischen Zusammenhängen lässt sich nach SCHMIDT (2002) Deutschland in 12 verschiedene Bodenregionen gliedern. Für Norddeutschland charakteristisch sind:

- Marschen und Flusslandschaften

- Bodenregionen der Alt- und Jungmoränengebiete des Norddeutschen Tieflands

- Lössbörden und Lössdecken einschließlich der Sandlöss-Verbreitungsgebiete

Diese Regionen lassen sich weiterhin in verschiedene Bodengroßlandschaften aufgliedern (vgl SCHMIDT 2002: 256-259).

Die Marschen und Flussauen zählen zu der Gruppe der Grundwasserböden; entsprechend den Bildungsbedingungen sind die Auenbodengesellschaften häufig heterogen ausgebildet. Bei Mittellaufabschnitten der Flüsse sind die Sedimentationsbedingungen ausgeglichener als in Oberläufen. Die Sedimente sind teilweise mehrere Meter dick und bestehen zumeist aus Schluff bis Ton, so dass in diesen Bereichen die Bodentypen der Auen, Vega und Vegagley vorherrschend sind. In den Unterlaufgebieten kommen vorwiegend feinere Partikel zur Sedimentation; folglich dominieren hier tonige Auenböden. Im Mündungsbereich großer Flüsse vollzieht sich der Übergang zu den Marschen, welche im Verlauf des Holozäns sowohl durch fluviale als auch durch maritime Sedimentation entstanden sind. Das feinkörnige, schluffige, bis tonige Material wird vom Hochwasser mitgeführt und bildet entlang der Unterläufe dezimeter- bis metermächtige Bodenauflagen (vgl. SCHMIDT 2002: 276-277, sowie HAVERSATH 1997: 47). Der Tonanteil ist die Wasserspeicherkapazität sind hoch, die

Wasserdurchlässigkeit und die Luftkapazität gering (vgl. KLUCZKA und RÖHL 1984: 42). Die Bodengüte ist vorwiegend hoch (Ertragsmesszahlen), da die Sedimente sehr nährstoffreich sind (vgl. LIEDTKE und MARSCHNER 2003: 105).

Die Altmoränengebiete Norddeutschlands erfuhren in der letzten Kaltzeit eine oft mehrere Meter tiefe Entkalkung und Ausspülung des Feinmaterials. Das resultiert in der Entstehung von podsolierten und lessivierten Braunerden bis Podsolen (Braunpodsolen), unter Grundwassereinfluss auch Pseudogleyböden, die sehr nährstoffarm sind (vgl. SCHMIDT 2002: 278, sowie HAVERSATH 1997: 47). Diese Böden sind typisch für die Geestlandschaften, sie verfügen über eine hohe Luftkapazität, bei hoher Wasserdurchlässigkeit und geringem Wasserspeichervermögen, die Bodengüte ist gering (vgl. KLUCZKA und RÖHL 1984: 42, sowie LIEDTKE und MARSCHNER 2003: 105).

Die Böden der Jungmoränengebiete nördlich der Pommerschen Eisrandlage bestehen aus Geschiebemergel, Lehmen und lehmigen Sanden. Südlich davon finden sich ausgeglichenere Verhältnisse: hier dominieren Braunerden, Podsolbraunerden und Fahlerden aus sandigem und lehmig-sandigem Substrat. Hier sind die Bodengüteverhältnisse kleinräumig heterogen, jedoch vorwiegend mit kleineren bis mittleren Ertragszahlen zu bewerten.

Die fruchtbarsten Böden mit den besten Bodengüteverhältnissen finden sich im Bereich der Börden. Diese bestehen aus einer mehrere Meter dicken Lößdecke, wobei sich lageabhängig Braunerden, Parabraunerden und an besonders regenarmen Stellen (geringe Auswaschung) Schwarzerden bilden. Unter landwirtschaftlichen Aspekt sind die Hildesheimer und Magdeburger Börde die ertragsreichsten Böden Deutschlands (vgl. SCHMIDT 2002: 279-280).

Die landwirtschaftliche Nutzung ist im Norddeutschen Raum sehr heterogen. Dominant sind Getreide, vorwiegend Weizen und Gerste, Roggen, Futterpflanzen, Obst- und Gemüsekulturen um Hamburg und Lübeck, Dauergrünland, sowie Silomais, vereinzelt auch Kartoffeln und Zuckerrüben. Eine wichtige Rolle spielt Viehhaltung, v.a. im Gebiet zwischen Ems und Weser. Hier ist deutschlandweit die höchste Dichte an Rindern, Schweinen und Hühnern anzutreffen (vgl. WESTERMANN-VERLAG 2002: 48). Im Allgemeinen lässt sich festhalten, dass heute Zonen hoher Erträge und bestimmter Landnutzung nicht an Zonen günstiger Bodenvoraussetzungen gebunden, sondern auch von weiteren Faktoren wie Bodeninwertsetzung, Betriebsgröße, Mechanisierungsgrad u.s.w. abhängig sind. Eine Besonderheit in Norddeutschland ist die deutschlandweit höchste Gefahr der Bodenerosion durch Wind, die in den meisten Gebieten dieses Raumes höher ist als die Erosionsgefahr durch Wasser (vgl. KLUCZKA und RÖHL 1984: 43-44).

3.4   Gewässer und Wasserdargebot

Norddeutschland gilt aufgrund der ausgewogenen Bilanz zwischen Niederschlag und Verdunstung als mit genügend Wasserdargebot ausgestattetes Gebiet. Hinzu kommt eine ausreichende, flächenhafte Ausstattung mit nutzbarem Grundwasser guter Qualität, dessen Grenze etwa auf der Höhe des Mittellandkanals liegt. Die Inselbereiche und der Küstenstreifen sind dabei jedoch stark benachteiligt, da hier das Grundwasser bis in etwa 10-20 km Tiefe von Salz- und Brackwassereinbrüchen betroffen und somit nur eingeschränkt nutzbar ist. Drei wichtige Vorfluter durchqueren die norddeutschen Bundesländer: die Ems, Weser und Elbe. Die Belastung dieser Gewässer ist in den letzten Jahrzehnten stark zurückgegangen. Vor allem der Niedergang der maroden ostdeutschen Industrien hat sich in der jetzt nur noch mäßigen Belastung der Unterelbe niedergeschlagen. Weser und Ems sind hingegen weitestgehend kritisch belastet.

In Nordostdeutschland ist die Situation etwas anders: hier liegt das Wasserdargebot unter dem von Nordwestdeutschland, da die Niederschläge geringer, die Verdunstung allerdings höher ist. Größere Vorfluter, wie Ems, Weser und Elbe fehlen hier, jedoch ist das Gebiet reich an glazial geformten Seen (vgl. GLUGLA und JANKIEWICZ 2003: 130-131, sowie MARCINEK und SCHMIDT 2002: 171-182).

Zur Deckung des Wasserbedarfs steht das natürliche Wasserdargebot zur Verfügung. Für jeden Deutschen sind dabei im Schnitt etwa 2080 m³ an nutzbarem Wasser pro Jahr verfügbar (Vergleich: Israel 346, Österreich 10998 m³/a/Person). Die umgerechnet 495 mm/a für das Staatsgebiet Deutschlands sind regional jedoch äußerst heterogen verteilt. Der westliche Teil Norddeutschlands liegt bei der klimatischen Wasserbilanz vorwiegend knapp unter dem bundesdeutschen Schnitt und erreicht Lage abhängige Spannweiten von etwa 100-400 mm/a. Die nördlichen Teile des Gebietes (vorwiegend Schleswig-Holstein) erreichen überdurchschnittliche Werte mit der Spannweite von 400 – 800 mm/a. Gegenteilig stellt sich die Situation in den nordöstlichen Teilen dar. Dort liegen die Werte weiträumig unter 100 mm/a; manche Gebiete haben gar eine negative Wasserbilanz (vgl. LEIBUNDGUT und KERN 2005: 12-14).

Die Grundwassersituation eines Raumes ist im Allgemeinen abhängig von der Niederschlagsmenge, der Gesteinsbeschaffenheit, den Lagerungsverhältnissen und der Höhenlage über der Vorflut. Unter der Pleistozändecke Norddeutschlands finden sich ähnlich den Ablagerungen des Tertiärs im Tertiärhügelland Süddeutschlands und der Münchner Schotterebene, ausgedehntere grundwasserleitfähige Ablagerungen. Die glazifluvialen Sande, Kiese und Schotter, sowie Schotterzüge entlang von Flussläufen gelten als wichtige Grundwasserleiter in Deutschland (vgl. MARCINEK und SCHMIDT 2002: 179-181). In diesem Sinne sind die Grundwasservorkommen Norddeutschlands bedeutend und mit einer Spannweite von 5 bis über 40 l/s möglicher Entnahme aus Einzelbrunnen durchgehend ergiebig (vgl. LEIBUNDGUT und KERN 2005: 16).

3.5 Nutzbare Lagerstätten von Rohstoffen

Unterhalb des Kontaktbereiches Lithosphäre – Atmosphäre - Hydrosphäre lagern Bodenschätze, wie mineralische Rohstoffe und Energierohstoffe. Im Bereich des quartären Untergrundes sind es im Tiefland und in Tälern des Berglandes hauptsächlich Sande, Kiese und Schotter. Diese werden zum Teil schon seit der vorindustriellen Zeit abgebaut (vgl. HAVERSATH 1997: 49). Gemeinhin gilt Deutschland nach den heutigen Gesichtspunkten als arm an Rohstoffen, zählt aber zu den wichtigsten Verbraucherländern. Obwohl zahlreiche Lagerstätten verschiedener Rohstoffe in Deutschland bekannt und erkundet sind, ist deren Abbau heute zum großen Teil nicht mehr rentabel (vgl. LAHNER und LORENZ 2003: 48).

Neben den oben genannten Rohstoffen spielen in Norddeutschland v.a. die Lagerstätten von Salzen und Energierohstoffen eine große Rolle. Bei Stade und in der Gegend um Hannover und Braunschweig befinden sich immer noch funktionierende Steinsalz- und Kalisalzbergwerke. Nicht mehr genutzte Salzbergwerke im Wendland könnten aufgrund ihrer langfristigen geologischen Stabilität zukünftig als Endlager von radioaktiven Abfällen aus deutschen Kernkraftwerken genutzt werden. Kohle ist in dem Gebiet kaum vorhanden; in Ibbenbüren im Teutoburger Wald wird noch Anthrazit abgebaut, im Helmstedter Revier Braunkohle. An den Rändern der Mittelgebirge finden sich Anreicherungen mineralischer Rohstoffe wie Eisen, Blei, Zink und Silber. Deren Abbau ist allerdings, wie fast überall in Deutschland, überhaupt nicht mehr rentabel (vgl. LAHNER und LORENZ 2003: 48).

Die deutschlandweit wichtigsten Lagerstätten von Erdöl und Erdgas befinden sich in Norddeutschland. Trotzdem deckt Deutschland seinen Bedarf an Erdöl nahezu vollständig aus

Importen (ca. 98%), bei Erdgas wurden etwa 81 % des Bedarfs importiert. Angesichts der schmalen Reservebasis ist in Zukunft mit der Zunahme dieser Abhängigkeit zu rechnen (vgl. BMWA 2002: 5). Die größten Fördergebiete sind „Emsmündung", „Westlich der Ems", „Weser-Ems", „Mittelplatte" und „Elbe-Weser". Die Anzahl der Förderfelder liegt bei insgesamt etwa 150 (vgl. WESTERMANN-VERLAG 2002: 56). Im Jahre 2000 lag die Gesamtförderung deutscher Felder bei 3,120 Mil. Tonnen Erdöl, wobei etwa 98% aus norddeutschen Feldern stammte. Bei Erdgas waren es im gleichen Jahr 21,576 Mrd. m³ bei einem Anteil Norddeutschlands von über 99% (vgl. NLFB 2001: Abb. 5 – Abb.8).

3.6 Gunst- und Ungunsträume

Aus den vorangegangenen physisch-geographischen Ausführungen lassen sich als Zwischenfazit natürliche Gunst- und Ungunsträume ausmachen, die jeweils durch die übermäßige oder mangelhafte Ausprägung eines bestimmten Faktors gekennzeichnet sind. Der wichtigste Punkt ist wohl die Tatsache, dass Norddeutschland unter morphologischen, klimatischen, vegetationskundlichen, hydrogeographischen und pedologischen Gesichtspunkten ein kleinräumig sehr stark differenziertes Gebiet ist. Das Ergebnis einer groß- und kleinmaßstäblichen Betrachtung, ist eine mosaikartige Gliederung des Raumes mit teilweise unscharf begrenzten Einheiten und zahlreichen Übergangsräumen.

Ein klarer Gunstraum ist die Bördenzone, die sich zunächst als schmaler, dann als breiter Streifen entlang der Mittelgebirge hinzieht. Hier sind die Böden ausgesprochen hochwertige, gut durchlüftete und tiefgründige Parabraun- und Schwarzerden. Hinzu kommt die Lagerung verschiedener Bodenschätze (Salze und Braunkohle) an vielen Stellen unter der Quartärdecke. Diese Gunstfaktoren, sowie die Häufung von Städten und Verkehrslinien führt zu einer Nutzungskonkurrenz bei der menschlichen Inwertsetzung.

Anders zu charakterisierende Gunsträume gibt es auch vereinzelt im Jungmoränenland, aber nur dort, wo eine nährstoffreiche Geschiebelehmdecke mit ausreichender Entwässerung vorhanden ist und in nördlichen Bereichen des Niedersächsischen Berglands, wo z.B. das Leinetal klimatisch und pedologisch gegenüber den südlichen Teilen bevorzugt ist.

Ein klassischer Ungunstraum hingegen ist die Geestlandschaft im Altmoränengebiet. Hier sind die Böden ausgewaschen, arm und sehr porös, so dass die Geest generell zu trocken ist. Diese Ungunst wird durch versumpfte oder vermoorte Niederungen ergänzt, die ebenfalls nicht nutzbar sind. Das gleiche gilt für die im gesamten Norden Deutschlands verbreiteten

Moore und Brüche, die zuviel an Bodenfeuchte haben. Im atlantischen Westen bilden sich bei hohem Niederschlag grundwasserunabhängige ombrogene Hochmoore, im Osten dominieren topogene, grundwasserständige Niedermoore.

Das Küstengebiet an der Nordsee mit Marschen und vorgelagerten Inseln ist zwar durch ein Übermaß an Bodenfeuchte geprägt, kann aber nach Eindeichung, Entsalzung und Entwässerung sehr ertragreich ackerbaulich genutzt werden. Der Boden besteht aus marinen Sedimenten und ist somit nährstoffreich; der Boden an sandigen Dünenstandorten hingegen sehr nährstoffarm. Klimatisch ist das Gebiet mit seinen sommerkühlen und wintermilden atlantischen Klima sehr ausgeglichen (vgl. HAVERSATH 1997: 49-51).

4 Infrastrukturelle Grundlagen

4.1 Verkehrserschließung und Verkehrsinfrastruktur

Die Verkehrsinfrastruktur spannt ein Netz von Verbindungslinien zwischen Standorten im Raum, auf denen sich Personen, Waren und Informationen bewegen. Heute gilt eine großräumig bedeutsame Infrastruktur als wichtige Voraussetzung für die regionale Wirtschaftsentwicklung. In diesem Sinne soll der Ausbau sog. „transeuropäischer Verkehrsnetze" dazu beitragen die regionalen Disparitäten in Europa zu verringern und die Kohäsion in der EU zu fördern (vgl. DEITERS *et. al.* 2001: 14).

In Norddeutschland ist das Fernstraßennetz, wie für die größtenteils geringe Bevölkerungsdichte, ausreichend flächendeckend ausgebaut. Ausnahmen bilden große Teile Mecklenburg-Vorpommerns, Ostfriesland, und nördliches Schleswig-Holstein. Dort ist die Erreichbarkeit von Agglomerationsräumen vorwiegend unterdurchschnittlich bis schlecht (vgl. DEITERS *et. al.* 2001: 14). Bei dieser Interpretation ist allerdings die geringe Dichte von Agglomerationszentren in diesen Gebieten zu beachten. Durch Norddeutschland verlaufen deutschlandweit und international wichtige Straßenverbindungen in Form von Bundesautobahnen. Dazu gehört die BAB 7 (mit 948 km die längste Autobahn Deutschlands), die sich in ein für den innereuropäischen Verkehr sehr relevantes Süd-Nord-Fernstraßensystem fügt. Sie führt in Deutschland vom deutsch-dänischen Grenzübergang Ellund, zur Bundesgrenze mit Österreich beim bayerischen Füssen. In der Ost-West-Richtung ist es die BAB 2 (West: A30, Ost: A10 und A12), die ein Bestandteil des Transeuropäischen

Verkehrsnetzes ist und somit ein Teil der Trasse Amsterdam-Berlin-Warschau-Minsk-Moskau. Als eine Ergänzung dazu ist die vor kurzem fertig gestellte BAB 20 („Ostseeautobahn") von Stettin zur BAB 1 bei Lübeck anzusehen (vgl. LEMKE *et. al.* 2001: 43). Im Falle der letzteren konnte man kürzlich aus der Tagespresse entnehmen, dass eine Brücke zwischen Puttgarden auf der deutschen Seite (Insel Fehmarn) und Rödbyhavn auf der dänischen Seite (Insel Lolland) in Planung sei. Diese Lösung würde die Erreichbarkeit Skandinaviens auf dem Wege Kopenhagen-Öresundbrücke-Malmö erheblich verbessern (kürzere Wege als über die heutige Strecke (Jütlannd-Fünen-Seeland und Wegfall der zeitraubenden Fährnutzungen).

Mit der Eisenbahninfrastruktur verhält es sich ähnlich wie mit der vorher dargestellten Straßeninfrastruktur. So verlaufen essentiell wichtige Eisenbahnstrecken durch Norddeutschland. Dazu gehören primär die ICE-Strecken Hamburg-Berlin (diese soll weiter ausgebaut werden), Hamburg-Bremen-Ruhrgebiet und Hamburg-Hannover-Kassel, die ihre jeweilige Fortsetzung in gleichartigen oder untergeordneten Strecken Richtung In- und Ausland finden (vgl. SCHLIEPHAKE 2001: 33).

Dem zunehmenden Luftverkehr stehen im Norddeutschen Raum mehrere Flughäfen von regionaler, nationaler und internationaler Bedeutung zur Verfügung. Die wichtigsten davon sind Hamburg, Hannover und Bremen, wobei bei allen drei innereuropäische Ziele dominant sind, an zweiter Stelle folgt der innerdeutsche Flugverkehr (vgl. MAYR 2001: 83). Hamburg befindet sich an 5., Hannover an 8. und Bremen an 11. Stelle (Angaben von 2002), was die Verkehrsleistung der Flughäfen im gesamtdeutschen Vergleich anbetrifft (vgl. VON BARATTA 2003: 1301).

Für die Binnenschifffahrt in Deutschland sind der Unterlauf der Elbe und Weser, der Mittellandkanal und der Nord-Ostsee-Kanal nach dem Rhein als Verkehrsweg von größter Bedeutung (vgl. WESTERMANN-VERLAG 2002: 72). Der Nord-Ostsee-Kanal (zwischen Brunsbüttel und Kiel) rühmt sich damit, die meist befahrene, künstliche Seeschifffahrtsstraße der Welt zu sein. Im Jahre 2005 befuhren über 42 000 Schiffe diesen Kanal (vgl. WASSER- UND SCHIFFFAHRTSDIREKTION NORD 2005). Von ebenso großer volkswirtschaftlicher Relevanz sind die Binnen- und Seehäfen in Norddeutschland. Mit der zunehmenden Liberalisierung des Welthandels gewinnen diese Häfen stark an Bedeutung, da der Seeverkehr etwa zwei Drittel der Welthandelsgüter befördert. Ein Maß dafür ist Menge der im Containerverkehr transportierten Güter. Der Containerumschlag konzentriert sich dabei auf nur wenige Haupthäfen, so dass neben den norddeutschen Häfen insbesondere Rotterdam (im Jahre 2001 noch weltweit höchster Umschlag von ca. 313 Mio. t im Jahr) und Antwerpen für das westliche und südliche Deutschland Bedeutung besitzen, da der Rhein als kostengünstiger Transportweg benutzt werden kann (vgl. NUHN 2001: 96). In welchen Ausmaßen die Nutzungsintensität der deutschen Häfen mit wachsendem Globalisierungsgrad zunimmt, machen die Umschlagsmengen im Hamburger Hafen deutlich (Jahr/Containerumschlag in Mio. t Brutto/Gesamtumschlag in Mio. t): 1999/40/81, 2005/83/125,7 (vgl. HAFEN HAMBURG MARKETING E.V. 2006). Das entspricht beim Containerumschlag einer Zunahme von über 100%, beim Gesamtumschlag um über 50% innerhalb von nur 5 Jahren. Am zweiten Rang nach dem Hamburger Hafen stehen die Bremischen Häfen (2004 mit einem Umschlag von etwa 52 Mil. t). Die Häfen der Ostsee (Lübeck und Rostock) sind weit weniger bedeutend und verzeichneten aufgrund der Landverbindung über den Öresund sogar Abnahmen in den Umschlagszahlen (vgl. NUHN 2001: 97, sowie VON BARATTA 2003: 1297).

4.2 Energie- und Wasserversorgung

Was elektrische Energie anbetrifft, so ist Norddeutschland, wie alle anderen Gebiete an das deutsche und somit auch an das europäische Verbundnetz angeschlossen. Dabei handelt es sich vorwiegend um 380 – 400 kV-Leitungen; Elektrizitätstransport über weitere Entfernungen ist nur in Form von sehr hohen Spannungen rentabel. Für den Kraftwerkssektor ergeben sich unterschiedlich bevorzugte Standorte. Braunkohle muss aufgrund ihres geringen Heizwertes möglichst nah am Abbau verfeuert werden (vgl. Helmstedter Revier). Steinkohle kann hingegen bereits über größere Entfernungen transportiert werden. Gas- und Ölkraftwerke werden bevorzugt in Agglomerationsräumen betrieben und in der Nähe von Raffinerieanlagen. Kernkraftwerke sind aufgrund der hohen Leistungen und Leistungsdichten stark an kühlwasserreiche Standorte gebunden (vgl. KLUCZKA und RÖHL 1984: 105-106). Aus diesen Überlegungen heraus ergibt sich für Norddeutschland die folgende Situation (vgl. HAAS und SCHARRER 1999: 119):

- an Binnen- und Seehäfen befinden sich aufgrund der Transportkapazitäten für in- und ausländische Kohle Steinkohlekraftwerke,

- an großen Vorflutern liegen Kernkraftanlagen, davon sind in Norddeutschland noch 6 in Betrieb (Gesamtdeutschland: 12) (vgl. INFORMATIONSKREIS KERNENERGIE 2006),

- in Agglomerationsräumen und in der Nähe von Gas- und Ölförderanlagen konzentrieren sich Gas-, Öl-, Mischverfeuerungs- (zB. Müll und Holz) Kraftwerke,

- im Helmstedter Braunkohlerevier wird die dort gewonnen Kohle in zwei Braunkohlekraftwerken verstromt,

- an den windreichen Küsten konzentrieren sich diverse Windkraftanlagen, hier wird deutschlandweit am meisten „Windstrom" erzeugt,

- Wasserkraftwerke fehlen aufgrund der niedrigen Reliefenergie vollständig.

Aufgrund der Grundwasserreichhaltigkeit erfolgt die Wasserversorgung von Schleswig-Holstein, Bremen und Hamburg zu 100% aus Grundwasser. Mecklenburg-Vorpommern deckt seinen Bedarf zu 20% aus Oberflächenwasser (80% Grundwasser), Niedersachsen zu ca. 13% aus Oberflächenwasser, zu etwa 3 % aus Quellwasser (Niedersächsisches Bergland) und den Rest ebenfalls aus Grundwasser. Die Agglomerationsräume Hamburg, Hannover und Bremen werden zusätzlich zu ihren eigenen Brunnen noch durch Fernwasserleitungen aus weiter entfernten Gebieten mit Trinkwasser versorgt (vgl. BUSSKAMP 2003: 151).

4.3 Weiterführendes Bildungsangebot und Forschung

Über Jahrhunderte hinweg war die Hochschullandschaft in Deutschland recht unausgewogen. Der Norden sowie der Bereich südlich der Donau zeichnete sich dabei durch eine ausgesprochene Hochschularmut aus. Erst nach dem zweiten Weltkrieg wird die Bedeutung der Wissenschaft für die Entwicklung neuer Technologien und für die Steigerung der Qualifikation der Arbeitskräfte offensichtlich. Das Resultat war in Westdeutschland in den 1960er und 1970er Jahren eine Neugründungswelle von Universitäten, in Ostdeutschland wurde in den 1950er und 1960er Jahren die Hochschullandschaft massiv ausgebaut, wobei der Schwerpunkt auf Technischen Hochschulen lag (vgl. NUTZ 1999: 62). Analog zur Bevölkerungsdichte ist ebenfalls die Dichte der Hochschulen in Norddeutschland gering bis durchschnittlich. Die Standorte konzentrieren sich weitgehend auf die Ballungsräume wie Hamburg, Hannover, Bremen und Rostock. Dabei sind sowohl allgemeine Fachhochschulen, Fachhochschulen für öffentliche Verwaltung, Universitäten, sowie technische Universitäten in ausreichender Anzahl vorhanden (vgl. BMBF 2006). Den norddeutschen Ländern ist gemeinsam, dass sie einen hohen Studierendenexport haben. Das bedeutet, dass mehr Abiturienten aus diesen Ländern in anderen Bundesländern ihr Studium aufnehmen, als in den Ländern studieren, in denen sie ihre Hochschulreife erworben haben (vgl. NUTZ 1999: 65).

Ähnlich wie mit weiterführenden Bildungsangeboten verhält es sich mit der Forschungslandschaft. Alle wichtigen Forschungsgesellschaften (Max-Planck-Gesellschaft, Fraunhofer-Gesellschaft, Helmholtz-Gemeinschaft und Leibniz-Gemeinschaft), sowie der Bund und die Länder betreiben in Norddeutschland Forschungseinrichtungen. Diese sind ebenfalls überwiegend an Agglomerationsräume gekoppelt, vereinzelt aber auch im weniger dicht besiedelten Raum anzutreffen. Zu den Einrichtungen gehören sehr renommierte und republikweit bekannte Adressen wie das Institut für Weltwirtschaft in Kiel, Max-Planck-Institut für Plasmaphysik (Kernfusionsforschung) in Greifswald, Max-Planck-Institut für marine Mikrobiologie in Bremen und die Bundesforschungsanstalten für Fischerei, sowie für Seeschifffahrt und Hydrographie in Hamburg (vgl. BMBF 2006).

Die norddeutschen Länder sind teilweise in ihren Forschungskapazitäten auf jeweils bestimmte Forschungsschwerpunkte spezialisiert, beispielsweise:

- Bremen auf Neuro- und Kognitionswissenschaft, Umweltwissenschaft, Meereswissenschaft, Gesundheits- und Pflegewissenschaften, Informations- und Kommunikationswissenschaften und –technologien, Logistik und Telematik,

- Hamburg auf Molekularbiologie und medizinische Biotechnologie, Teilchenphysik, Materialwissenschaften, Nanotechnologie, Klima- Meeres- und Umweltforschung sowie sozioökonomische und kulturelle Entwicklungen der Globalisierung (vgl.: BMBF 2004: 52, 53).

4.4 Fremdenverkehr

Die landschaftliche Attraktivität Norddeutschlands (die durch die geographischen Faktoren determiniert wird) ist großteils ausreichend hoch, damit weite Gebiete dieses Raumes zu wichtigen Reisedestinationen innerhalb der Bundesrepublik gezählt werden können. Vor allem die Küstenbereiche der Nord- und Ostsee, sowie weite Teile Mecklenburg-Vorpommerns verfügen über eine überdurchschnittliche landschaftliche Aktivität, so dass hier wichtige Fremdenverkehrgebiete liegen (vgl. CHEN *et. al.* 2000: 29). In Deutschland ist der Tourismus jedoch hauptsächlich auf die Länder Bayern und Baden-Württemberg konzentriert, auf diese Länder entfielen im Jahre 2001 etwa 34% des Tourismus. Niedersachsen befindet sich in diesem Ranking an 4., Schleswig-Holstein an 6. und Mecklenburg-Vorpommern an 7. Stelle (vgl. VON BARATTA 2003: 1305).

Im Küstengebiet dominieren Seebäder und Luftkurorte die touristische Landschaft; im Landesinneren sind es Heilbäder und Großstädte mit Besichtigungstourismus sowie Geschäfts- und Durchreiseverkehr. An der Mecklenburgischen Seenplatte befinden sich einige Erholungsorte, die großteils bereits in der DDR-Zeit bestand hatten (vgl.: WESTERMANN-VERLAG 2002: 60).

Eine hohe Aussagekraft über die Ausstattung eines Gebietes mit touristischer Infrastruktur bietet die Bettenkapazität. Hier war im Zeitraum von 1992-1998 eine starke Zunahme zu verzeichnen, in den alten Ländern um etwa 10%, in den neuen Ländern sogar um 86% (vgl. SPÖREL 2000: 74). Heute (Datenbasis von 2004) entfallen 649.000 Betten von deutschlandweit 2.511.000 auf die Region Norddeutschland, das entspricht etwa 25% der gesamten Kapazität und das beim Bevölkerungsanteil dieses Großraumes von etwa 18% an der Gesamtbevölkerung der Bundesrepublik (vgl. STATISTISCHES BUNDESAMT 2006). Die absoluten Schwerpunkte entfallen dabei auf die Schleswig-Holsteinische Nord- und Ostseeküste, die Niedersächsische Nordseeküste, gefolgt von Mecklenburgischer und Vorpommerscher Ostseeküste und der Hansestadt Hamburg. Parallel dazu konnte die Region im Jahre 2004 88.385.000 Gästeübernachtungen registrieren, das entspricht etwa 26% der touristischen Übernachtungen im gesamten Bundesgebiet. Das Übernachtungsvolumen ist dabei in Niedersachsen am größten, während die Fremdenverkehrsintensität in Schleswig-Holstein und Mecklenburg-Vorpommern die höchste ist. An den Küsten ist die durchschnittliche Aufenthaltsdauer außerdem eine der höchsten in Deutschland und liegt bei etwa 8 Tagen, bei einem Bundesdurchschnitt von 3,1 Tagen (vgl. FLOHR 2000: 98).

4.5 Industrie- und Dienstleistungszentren

Industrie- und Dienstleistungszentren sind in Norddeutschland zweifelsfrei die großen Agglomerationsräume, allen voran die Hansestadt Hamburg. Mit ihren über 1,7 Mil. Einwohnern ist sie die zweitgrößte Stadt Deutschlands. Sie ist ein wichtiger norddeutscher und nordeuropäischer Verkehrsknotenpunkt und verfügt über den europaweit zweitgrößten Seehafen. Damit bildet sie ein überaus wichtiges Wirtschaftszentrum (BIP: 78,9 Mrd. EUR) mit einer heterogenen Industrie- und Dienstleistungsstruktur. Die wichtigsten Wirtschaftszweige sind Konsumgüterindustrie, Luftfahrtindustrie (Airbus-Werke), Chemie, Elektrotechnik, Maschinen und Schiffbau, Mineralölwirtschaft, Banken und Medien.

Hamburg ist außerdem eine wichtige und traditionelle Handelsstadt (vgl. FREIE UND HANSESTADT HAMBURG – SENATSKANZLEI 2006).

Ein weiteres Zentrum dieser Art bildet der Stadtstaat Bremen mit Bremerhaven (ca. 662.000 Einwohner, BIP 23,6 Mrd. EUR). Hier gelten ähnlich wie in Hamburg die Häfen als wichtigster Wirtschaftsfaktor des Bundeslandes, wobei Schifffahrt, Hafen, Transport und Logistik etwa jeden vierten Arbeitsplatz sichern. Neben der maritimen Wirtschaft konnten sich in Bremen weitere, teilweise sehr Innovative Wirtschaftszweige etablieren. Dazu gehören der Fahrzeugbau (Daimler-Chrysler), Luft- und Raumfahrt (Airbus und EADS Space), IT und Multimedia, Nahrung und Genussmittel. Darüber hinaus konnte sich Bremen als „Call-Center-City" (größtenteils dialektfreies Hochdeutsch in Norddeutschland) und als Dienstleitungs- und High-Tech-Standort (Technologieparks) durchsetzen (vgl. BREMEN.ONLINE 2006).

Die niedersächsische Landeshauptstadt bildet mit ihrem weiteren Umland die Metropolregion Hannover-Braunschweig-Göttingen mit etwa 4 Millionen Einwohnern. Die ökonomischen Schwerpunkte der Region sind der Fahrzeugbau (allen voran Volkswagen in Wolfsburg), Verkehrstechnologie und Mobilitätswirtschaft. Zusätzlich dazu setzt die Region auf Zukunftstechnologien wie Biotechnologie, Medizintechnik, Logistik, Messtechnik, Optik, Mechatronik und regenerative Energien. Aufgrund ihrer geographischen Lage und durch die EU-Erweiterung Richtung Osten, befindet sich die Region am Schnittpunkt wichtiger Nord-Süd- und West-Ost-Achsen. Deswegen bemüht sich diese Metropolregion in Zukunft eine Art „Gateway" und „Drehscheibe" im Zentrum Europas zu werden (vgl. METROPOLREGION HANNOVER BRAUNSCHWEIG GÖTTINGEN 2006).

Kleinere Industrie- und Dienstleistungszentren sind Oldenburg (Metropolregion mit Bremen), Flensburg, Kiel, Lübeck, Schwerin und Rostock. In diesen dominieren vorwiegend die Wirtschaftszweige Schiffbau, Maschinenbau, Elektrotechnik, Fischverarbeitung, Nahrungs- und Genussmittelindustrie, sowie Metallindustrie (vgl. WESTERMANN-VERLAG 2002: 24).

4.6 Wirtschaftsräumlich-raumordnerische Gliederung

Als Quintessenz der infrastrukturellen Ausstattung und dem Vorhandensein wichtiger Industrie- und Dienstleistungszentren, lässt sich eine wirtschaftsräumliche Gliederung herauskristallisieren. Der betrachtete Raum ist sehr stark von der jüngeren deutschen

Geschichte betroffen. Die beiden deutschen Staaten nach dem Zweiten Weltkrieg – die BRD und DDR – hatten im Zuge des Kalten Krieges jeweils eine völlig andere wirtschaftliche Entwicklung zu verzeichnen. Während in der BRD eine freie und soziale Marktwirtschaft im pluralistischen Gesellschaftssystem und die damit verbundene Raumgestaltung Ton angebend war, ist in der DDR die staatlich dirigierte Planwirtschaft in einem Einparteienstaat das prägende Element gewesen. Aufgrund dieser Tatsache mündet die Entwicklung jeweils in ganz anderen Resultaten (vgl. HAVERSATH 1997: 147-148).

Das generelle Ziel der deutschen Raumordnung ist es annähernd gleiche Lebensverhältnisse in allen Gebieten der Bundesrepublik zu schaffen. Wie problematisch das ist, zeigt sich nicht erst an der aktuellen Diskussion zur Föderalismusreform und Länderfinanzausgleich. In manchen Teilräumen Deutschlands, sind – vor allem im ländlichen Raum – rückständige Strukturen so persistent und unmodernisierbar, dass in Verbindung mit der Bevölkerungsabwanderung in Agglomerationsräume, die bisherigen Instrumente der Raumplanung und –ordnung auf ihre Wirksamkeit hin überprüft werden müssten.

Wie im Kap. 4.5 erwähnt sind Verdichtungsräume die wirtschaftlichen Zentren und Regionen mit der höchsten wirtschaftlichen Dynamik und der höchsten Konzentration an Arbeitsplätzen. Diese lassen sich weiter aufgliedern und klassifizieren. In Norddeutschland sind die Agglomerationen mit internationaler, bzw. großräumiger Ausstrahlung Hamburg, Bremen und Hannover. Daneben gibt es Verdichtungsräume mit überregionaler Ausstrahlung, bzw. besonderen Funktionen, wie Osnabrück, Braunschweig, Bremerhaven, Kiel, Lübeck, Schwerin und Rostock. Die Belastungen in diesen Raumkategorien sind durch die hohe Nutzungsdichte und fortdauernde Suburbanisierung (verbunden mit dem flächenhaften „Ausgreifen" der Agglomerationen) sehr stark. Den Verdichtungsräumen stehen ländliche Räume gegenüber, die nicht zwangsweise schlechter entwickelt sein müssen. Vielmehr ist das Bild sehr heterogen; einige ländliche Regionen weisen sogar höhere Beschäftigungszuwächse und niedrigere Arbeitslosenquoten auf als verstädterte Gebiete. Ausschlaggebend sind die Potenziale der Region, ihre Lage zu Agglomerationsräumen, ihre Wirtschaftsstruktur und ihre landschaftliche Attraktivität für den Tourismus (vgl. BUNDESAMT FÜR BAUWESEN UND RAUMORDNUNG 2001: 8-10).

Die Problemlagen der ländlichen Räume konzentrieren sich auf zentrumsferne und grenznahe Gebiete. Als Hemmnisse des Wachstums kann man folgende Faktoren nennen:

- die technische und soziale Infrastruktur ist oft unzureichend,

- das Angebot im ÖPNV ist stark eingeschränkt,

- das Wachstum im industriellen und Dienstleistungssektor reicht nicht aus um die arbeitslose Bevölkerung aus dem Agrarsektor aufzufangen,

- die Investitionstätigkeit bleibt gering,

- insbesondere die junge und qualifizierte Bevölkerung wandert ab.

Enorme ökonomische Disparitäten sind in Norddeutschland v.a. in West-Ost-Richtung vorhanden. Weite Teile Mecklenburg-Vorpommerns zählen zu den strukturschwächeren Gebieten der neuen Länder. Zu den oben genannten Faktoren gesellt sich in diesem Raum noch die sehr niedrige Bevölkerungsdichte hinzu. Die Arbeitslosenquoten sind mitunter die höchsten in ganz Deutschland, das Einkommen hingegen mitunter das niedrigste. Besonders augenfällige Unterschiede bestehen zwischen zentralen Teilen Mecklenburg-Vorpommerns und der Hansestadt Hamburg – hier könnten die Unterschiede in der Ausprägung der genannten Faktoren kaum noch größer sein. Die Wertschöpfung in diesen Problemlagen basiert zum großen Teil auf Tourismus, denn die wenigen Industriezentren konnten nach der Wende im Standortwettbewerb eher schlecht als recht mithalten (vgl. BUNDESAMT FÜR BAUWESEN UND RAUMORDNUNG 2001: 23-35, sowie WESTERMANN-VERLAG 2002: 62).

Im Westteil Norddeutschlands kommt nicht nur ein Stadt-Land Gegensatz zum Vorschein, sondern die Tatsache, dass hier Räume mit schwerwiegenden Strukturproblemen (teilweise auch mit staatlichen Beihilfen an Unternehmer) die größte Fläche einnehmen. Dazu gehören das Emsland, Friesland, Oldenburger Land, Lüneburger Heide und Schleswig-Holstein nördlich von Lübeck und Brunsbüttel. Ausnahmen sind die Metropolregion Hamburg, die Achse Hamburg-Osnabrück und die Achse Osnabrück-Hannover-Wolfsburg. Das Bundesamt für Raumordnung geht davon aus, dass sich die Bedingungen in vielen der strukturschwachen Gebiete auf längere Sicht auch nicht werden verbessern lassen. Entweder werden diese Gebiete von Stagnation betroffen sein, oder ihr ökonomischer Niedergang setzt sich weiterhin fort (vgl. BUNDESAMT FÜR BAUWESEN UND RAUMORDNUNG 2001: 41). Vielleicht werden sich in Zukunft im Zuge der europäischen Kohäsion und Integration, sowie Globalisierung für mache Regionen neue Chancen eröffnen, die die Politik nutzen und die Potentiale der Regionen ausschöpfen muss.

5   Abschließende Betrachtung

Die vorangegangenen Ausführungen zeigen, dass Norddeutschland ein sehr heterogener Raum ist. Beginnend bei der räumlichen Abgrenzung des Gebietes, über klimatische und pedologische Unterschiede, sowie Verkehrsinfrastruktur bis hin zu ökonomischen Disparitäten bietet die Landschaft ein überraschend abwechslungsreiches Bild. Obwohl zwischen den Teilräumen viele Gemeinsamkeiten bestehen, ist das Gebiet bezüglich der naturräumlichen und infrastrukturellen Ausstattung kleinräumig zu differenzieren. Weite Teile des Raumes sind geographisch gesehen Ungunsträume, was aber nicht bedeutet, dass sie in unserer hoch technisierten Welt nicht für intensive Wertschöpfungen und als Lebensraum genutzt werden können. Hier muss sich der Mensch und die Wirtschaft auf Tätigkeiten spezialisieren, die dem Charakter des Raumes entsprechen und spezifisch an diesem Ort mit Erfolg ausgeführt werden können. Andere Räume sind wiederum stark sozioökonomisch und infrastrukturell im Nachteil, auch wenn sie von der naturräumlichen Ausstattung durchaus als Gunstraum anzusehen wären. Hier ist es die vorrangige Aufgabe der Politik und Raumordnung für entsprechende Lebensumstände zu sorgen und durch aktive Handlungen die Wirtschaftsentwicklung positiv zu beeinflussen.

Alles in allem ist nach Meinung des Verfassers der Weg der Anpassung und regionalspezifischer Spezialisierung ein richtiger, um den fortdauernden Strukturwandel und die neuen Herausforderungen durch die Entwicklungen in der Weltwirtschaft erfolgreich zu bestehen. Dabei ist es zwingend notwendig, primär mögliche regionale Erfolgspotentiale zu identifizieren, zu analysieren und eine Strategie zu entwickeln, die diese Potentiale in konkrete Vorgehensweisen transformieren kann. Nur so kann die Region im internationalen Standortwettbewerb erfolgreich bestehen und den Lebensstandard der Bevölkerung durch innovatives und nachhaltiges Wirtschaften erhöhen oder zumindest halten.

6   Literaturverzeichnis

BEHRE, KARL-ERNST; KLIEWE, HEINZ; SCHWARZER, KLAUS (2002): „Die Küsten Deutschlands". In: Liedtke, Herbert; Marcinek, Joachim (Hrsg.): *Physische Geographie Deutschlands*. 3.Auflage, Gotha, S.323-383.

BREMEN.ONLINE (HRSG.) (2006): „Bremen Online". Bremen. URL: www.bremen.de (Abrufdatum: 16.03.2006).

BUNDESAMT FÜR BAUWESEN UND RAUMORDNUNG (HRSG.) (2001): *Raumentwicklung und Raumordnung in Deutschland*. Bonn.

BUNDESMINISTERIUM FÜR WIRTSCHAFT UND ARBEIT (BMWA) (HRSG.) (2002): *Reserven, Ressourcen und Verfügbarkeit von Energierohstoffen* (= BMWA - Dokumentation, Nr. 519). Berlin.

BUNDESMINISTERIUM FÜR BILDUNG UND FORSCHUNG (BMBF) (HRSG.) (2006): „Forschungsportal.net". URL: www.forschungsportal.net (Abrufdatum: 16.03.2006).

BUNDESMINISTERIUM FÜR BILDUNG UND FORSCHUNG (BMBF) (HRSG.) (2004): *Bundesbericht Forschung 2004*. Berlin. URL: http://www.bmbf.de/pub/bufo2004.pdf (Abrufdatum: 17.03.2006).

BUSSKAMP, RALF (2003): „Unsere Wasserversorgung". In: Institut für Länderkunde Leipzig (Hrsg.): *Nationalatlas Bundesrepublik Deutschland – Band 2: Relief, Boden und Wasser*. Leipzig, S.150-151.

CHEN, YIN-LIN; MAIER, JÖRG; MENCHEN, NATALIE; SIEKER, THOMAS; STOIBER, MICHAEL (2000): „Fremdenverkehrsgebiete und naturräumliche Ausstattung". In: Institut für Länderkunde Leipzig (Hrsg.): *Nationalatlas Bundesrepublik Deutschland – Band 10: Freizeit und Tourismus*. Leipzig, S.26-29.

DEITERS, JÜRGEN; GRÄF, PETER; LÖFFLER, GÜNTER (2001): „Verkehr und Kommunikation – eine Einführung". In: Institut für Länderkunde Leipzig (Hrsg.): *Nationalatlas Bundesrepublik Deutschland – Band 9: Verkehr und Kommunikation*. Leipzig S.12-29.

FLOHR, SUSANNE (2000): „Inländische Reiseziele". In: Institut für Länderkunde Leipzig (Hrsg.): *Nationalatlas Bundesrepublik Deutschland – Band 10: Freizeit und Tourismus.* Leipzig, S.98-99.

FREIE UND HANSESTADT HAMBURG – SENATSKANZLEI (2006): „Metropole Hamburg – Wachsende Stadt". Hamburg. URL: www.wachsende-stadt.hamburg.de (Abrufdatum: 18.03.2006)

GLUGLA, GERHARD; JANKIEWICZ, PETRA (2003): „Wasserreiche und wasserarme Regionen". In: Institut für Länderkunde Leipzig (Hrsg.): *Nationalatlas Bundesrepublik Deutschland – Band 2: Relief, Boden und Wasser.* Leipzig, S.130-131.

HAAS, HANS-DIETER; SCHARRER, JOCHEN (1999): „Die deutsche Energiewirtschaft". In: Institut für Länderkunde Leipzig (Hrsg.): *Nationalatlas Bundesrepublik Deutschland – Band 1: Gesellschaft und Staat..* Leipzig, S.118-121.

HAFEN HAMBURG MARKETING E.V. (HRSG.) (2006): „Port Of Hamburg" (offizielle Website des Hamburger Hafens). Hamburg. URL: www.hafen-hamburg.de (Abrufdatum: 15.03.2006)

HAVERSATH, JOHANN-BERNHARD (1997): *Deutschland – Der Norden.* Braunschweig.

HENDL, MANFRED (2002): „Klima". In: Liedtke, Herbert; Marcinek, Joachim (Hrsg.): *Physische Geographie Deutschlands.* 3.Auflage, Gotha, S.18-126.

INFORMATIONSKREIS KERNENERGIE (HRSG.) (2006): „Kernenergie Standorte in Deutschland". Berlin. URL: www.kernenergie.de (Abrufdatum 16.03.2006)

KLUCZKA, GEORG.; RÖHL, DIETMAR (1984): *Analyse und Bewertung raumbedeutsamer Faktoren in Norddeutschland. Teil I: Geographische und infrastrukturelle Grundlagen* (= Arbeitsmaterial der ARL, Band 72)). Hannover.

KULKE, ELMAR (1998): *Wirtschaftsgeographie Deutschlands.* Gotha.

LAHNER, LOTHAR; LORENZ, WALTER (2003): „Lagerstätten von mineralischen und Energierohstoffen". In: In: Institut für Länderkunde Leipzig (Hrsg.): *Nationalatlas Bundesrepublik Deutschland – Band 2: Relief, Boden und Wasser.* Leipzig, S.48-51.

LEIBUNDGUT, CHRISTIAN; KERN, FRANZ-JOSEF (2005): „Wasser in Deutschland – Mangel oder Überfluss?". In: *Geographische Rundschau* 50, Heft 9, S.12-19.

LEMKE, MEINHARD; SCHÜRMANN, CARSTEN; SPIEKERMANN, KLAUS; WEGENER, MICHAEL (2001): „Transeuropäische Verkehrsnetze". In: Institut für Länderkunde Leipzig (Hrsg.): *Nationalatlas Bundesrepublik Deutschland – Band 9: Verkehr und Kommunikation.* Leipzig S.42-45.

LESER, HARTMUT (2001): *Diercke – Wörterbuch Allgemeine Geographie.* 12. Auflage. München.

LIEDTKE, HERBERT; MARCINEK, JOACHIM. (2002): „Das Norddeutsche Tiefland". In: Liedtke, Herbert; Marcinek, Joachim (Hrsg.): *Physische Geographie Deutschlands.* 3.Auflage, Gotha, S. 385-462.

LIEDTKE, HERBERT (2002): „Oberflächenformen". In: Liedtke, Herbert; Marcinek, Joachim (Hrsg.): *Physische Geographie Deutschlands.* 3.Auflage, Gotha, S.127-156.

LIEDTKE, HERBERT; MÄUSBACHER ROLAND; SCHMIDT KARL-HEINZ (2003): „Relief, Boden und Wasser – Eine Einführung". In: Institut für Länderkunde Leipzig (Hrsg.): *Nationalatlas Bundesrepublik Deutschland – Band 2: Relief, Boden und Wasser.* Leipzig, S.12-25.

LIEDTKE, HERBERT, MARSCHNER, BERND (2003): „Bodengüte der landwirtschaftlichen Nutzflächen". In: Institut für Länderkunde Leipzig (Hrsg.): *Nationalatlas Bundesrepublik Deutschland – Band 2: Relief, Boden und Wasser.* Leipzig, S.104-105.

MARCINEK, JOACHIM; RICHTER, HANS; SEMMEL, ARNO (2002): „Die deutsche Mittelgebirgsschwelle". In: Liedtke, Herbert; Marcinek, Joachim (Hrsg.): *Physische Geographie Deutschlands.* 3.Auflage, Gotha, S.463-538.

MARCINEK, JOACHIM; SCHMIDT KARL-HEINZ (2002): „Gewässer und Grundwasser". In: Liedtke, Herbert; Marcinek, Joachim (Hrsg.): *Physische Geographie Deutschlands.* 3.Auflage, Gotha, 158-182.

MAYR, ALOIS (2001): „Luftverkehr – Mobilität ohne Grenzen?". In: Institut für Länderkunde Leipzig (Hrsg.): *Nationalatlas Bundesrepublik Deutschland – Band 9: Verkehr und Kommunikation.* Leipzig S.82-85.

METROPOLREGION HANNOVER BRAUNSCHWEIG GÖTTINGEN (HRSG.) (2006): „Onlinedienst Metropolregion HBG". Hannover. URL: www.metropolregion-hbg.de (Abrufdatum: 18.03.2006)

NIEBUHR, ANNEKATRIN; STILLER, SILVIA (2003): *Norddeutschland im Standortwettbewerb* (= HWWA-Report, Nr.222). Hamburg. URL: http://www.hwwa.de/Publikationen/ Report/2003/Report222.pdf (Abrufdatum 09.03.2006).

NIEDERSÄCHSISCHES LANDESAMT FÜR BODENFORSCHUNG (NLFB) (HRSG.) (2001): *Erdöl- und Erdgasreserven in der Bundesrepublik Deutschland am 1.Januar 2001.* Hannover. URL: http://www.bgr.de/n306/reserven2001.pdf (Abrufdatum 13.03.2006):

NUHN, HELMUT (2001): „Seeverkehr und Umstrukturierungen der Häfen". In: Institut für Länderkunde Leipzig (Hrsg.): *Nationalatlas Bundesrepublik Deutschland – Band 9: Verkehr und Kommunikation.* Leipzig S.96-97.

NUTZ, MANFRED (1999): „Bildungssystem: Schulen und Hochschulen". In: Institut für Länderkunde Leipzig (Hrsg.): *Nationalatlas Bundesrepublik Deutschland – Band 1: Gesellschaft und Staat..* Leipzig, S.62-65.

SCHMIDT, ROLF (2002): „Böden". In: Liedtke, Herbert; Marcinek, Joachim (Hrsg.): *Physische Geographie Deutschlands.* 3.Auflage, Gotha, S.256-319.

SCHLIEPHAKE, KONRAD (2001): „Das Eisenbahnnetz". In: Institut für Länderkunde Leipzig (Hrsg.): *Nationalatlas Bundesrepublik Deutschland – Band 9: Verkehr und Kommunikation.* Leipzig S.30-33.

SPÖREL, ULRIKE (2000): „Entwicklung des Beherbergungsangebots (1985-1998)". In: Institut für Länderkunde Leipzig (Hrsg.): *Nationalatlas Bundesrepublik Deutschland – Band 10: Freizeit und Tourismus.* Leipzig, S.74-75.

STATISTISCHES AMT FÜR HAMBURG UND SCHLESWIG-HOLSTEIN (HRSG.) (2006): *Informationen des bisherigen Statistischen Landesamtes für Schleswig Holstein.* Kiel. URL: www.statistik-sh.de (Abrufdatum 10.03.2006).

STATISTISCHES BUNDESAMT (2006) (HRSG.): www.destatis.de . Wiesbaden. (Abrufdatum: 17.03.2006).

VON BARATTA, MARIO (HRSG.) (2003): *Der Fischer Weltalmanach 2004. Zahlen, Daten, Fakten.* Frankfurt am Main.

WASSER- UND SCHIFFFAHRTSDIREKTION NORD (HRSG.) (2006): „Offizielle Internetpräsenz des Nord-Ost-See-Kanals". Kiel. URL: www.kiel-canal.org (Abrufdatum. 14.03.2006)

WESTERMANN-VERLAG (HRSG.) (2002): *Diercke Weltatlas*. 5. aktualisierte Auflage. Braunschweig.

7 Anhang

7.1 Karte: Untergliederung Norddeutschlands

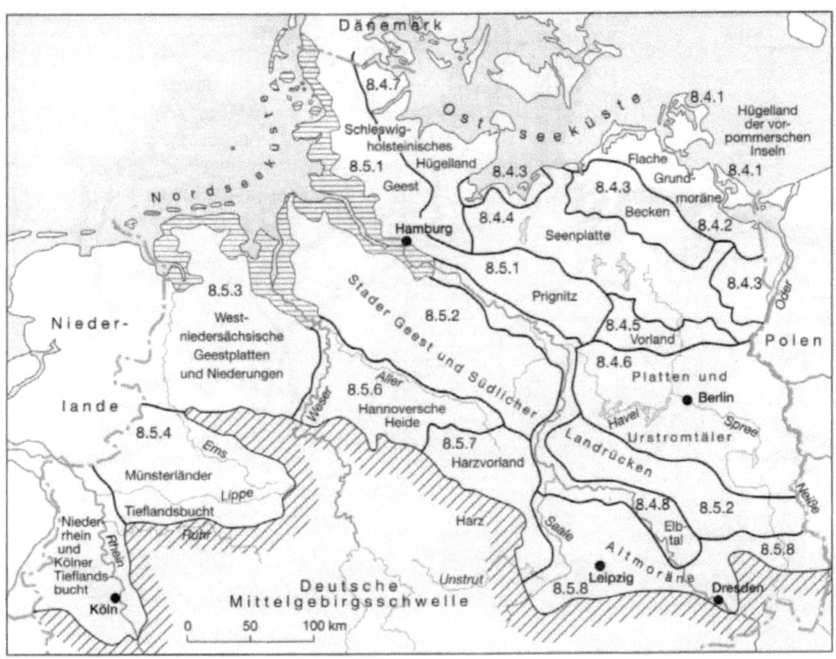

8.4.1 Hügelland der vorpommerschen Inseln

8.4.2 Seenarme flache Grundmoränenplatten Vorpommerns

8.4.3 Mecklenburgisch-brandenburgische Becken

8.4.4 Seenreicher mecklenburgisch-brandenburgischer (Nördlicher) Landrücken

8.4.5 Südliches Vorland des mecklenburgisch-brandenburgischen (Nördlichen) Landrückens

8.4.6 Brandenburgische Platten und Urstromtäler

8.4.7 Schleswig-holsteinisches Hügelland

8.4.8 Elbe (und ihr Talbereich im Norddeutschen Tiefland)

8.5.1 Schleswig-holsteinische Geest und Prignitz

8.5.2 Stader Geest und Südlicher Landrücken (Lüneburger Heide, Altmark, Fläming und Lausitzer Grenzwall)

8.5.3 Westniedersächsische Geestplatten und Niederungen

8.5.4 Münsterländische Tieflandsbucht und Hellwegbörden

8.5.5 Niederrhein und Kölner Tieflandsbucht

8.5.6 Hannoversche Heide und niedersächsische Börden

8.5.7 Nördliches und östliches Harzvorland

8.5.8 Altmoränengebiet zwischen Saale und Görlitzer Neiße

Quelle: LIEDTKE und MARCINEK 2002: 396

7.2 Karte: Durchschnittliche Mitteltemperatur im Januar

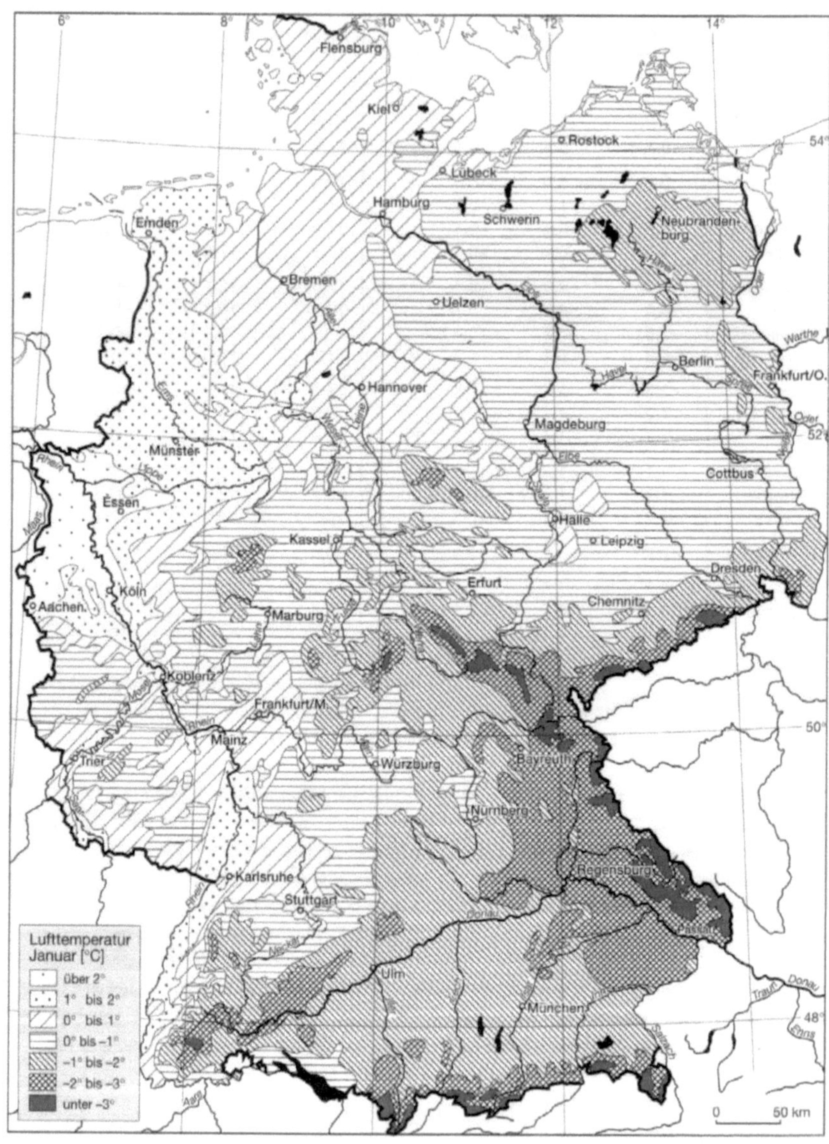

Quelle: HENDL 2002: 44

7.3 Karte: Durchschnittliche Mitteltemperatur im Juli

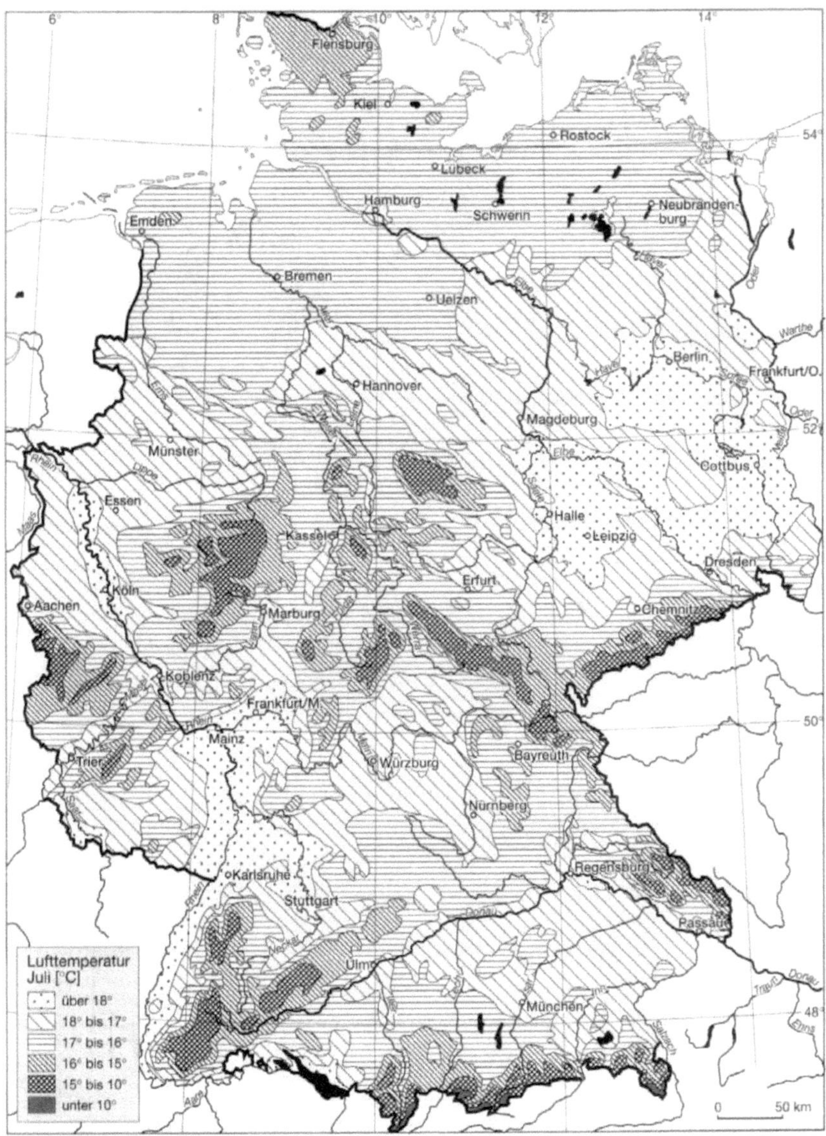

Quelle: HENDL 2002: 45

7.4 Karte: Durchschnittliche Jahresniederschlagssumme

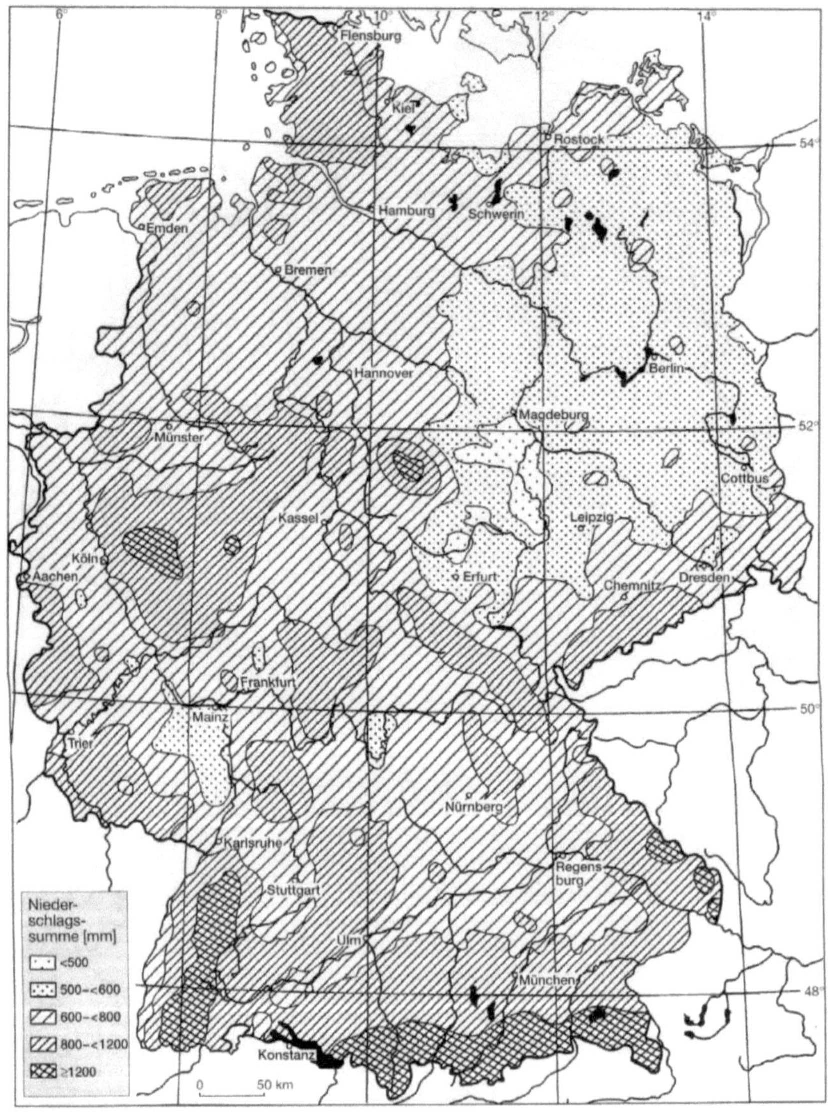

Quelle: HENDL 2002: 46